Rueff

Optik

Skript zur Unterrichtseinheit
(Technik / Physik)

Optik

Skript zur Unterrichtseinheit

(Technik / Physik)

von Dr. Andreas Rueff

2. Auflage

 Books on Demand

Dr.-Ing. Dipl.-Phys. Andreas K. E. Rueff

Physik-Studium in Kaiserslautern, anschließend
wissenschaftlicher Mitarbeiter am Leibniz-
Institut für Neue Materialien in Saarbrücken,
Promotion in Saarbrücken, anschließend Zusatz-
qualifikation zum Lehramt für Mathematik und Physik.

Bibliographische Information der Deutschen Nationalbibliothek

Die Deutsche Nationalbibliothek verzeichnet diese Publikation in der Deutschen
Nationalbibliographie; detaillierte bibliographische Daten sind im Internet
über http://dnb.d-nb.de abrufbar.

©2021 Dr.Andreas Rueff, Kaiserslautern

Herstellung und Verlag: BoD – Books on Demand, Norderstedt

ISBN 978-3-739-226576

2. Auflage, 2021
Internetseite zum Heft: www.mathe-physik-technik.de

Bildquellen: WIKIMEDIA COMMONS und PIXABAY Ⓒ

Vorwort zur 1. Auflage

Die Ausbildung zu fördern und die erworbenen Kenntnisse für den Gebrauch in der Schule und im Alltag griffbereit zu erhalten ist das Ziel dieses Skripts. Die Zusammenstellung orientiert sich an den Inhalten der Unterrichtseinheit **Optik** im Rahmen der Unterrichtsfächer Technik und Physik. Es ist aus zahlreichen Unterrichtsvorbereitungen der vergangenen Jahre hervorgegangen und soll die wichtigsten Inhalte zusammenfassen.

Die vorliegende Zusammenstellung soll nur den notwendigsten Stoff in einer strukturierten Form erfassen und dadurch das Arbeiten erleichtern. Den Gesamtzusammenhang nicht aus den Augen zu verlieren ist die Absicht.

Jedes Lehrbuch lebt von der kritischen Mitarbeit der Leser. Insbesondere in der naturwissenschaftlichen Literatur lässt es sich auch bei sorgfältigster Bearbeitung kaum vermeiden, dass sich Druckfehler einschleichen. Der Verfasser freut sich deshalb über Verbesserungsvorschläge oder Hinweise auf mögliche Fehler.

Als nützliche Gedächtnisstütze zur Unterrichtseinheit zu dienen ist das Ziel.

Kaiserslautern, im Winter 2015/2016   A. Rueff

(Das Skript wurde 2021 zur 2. Auflage überarbeitet.)

Inhalt - Optik

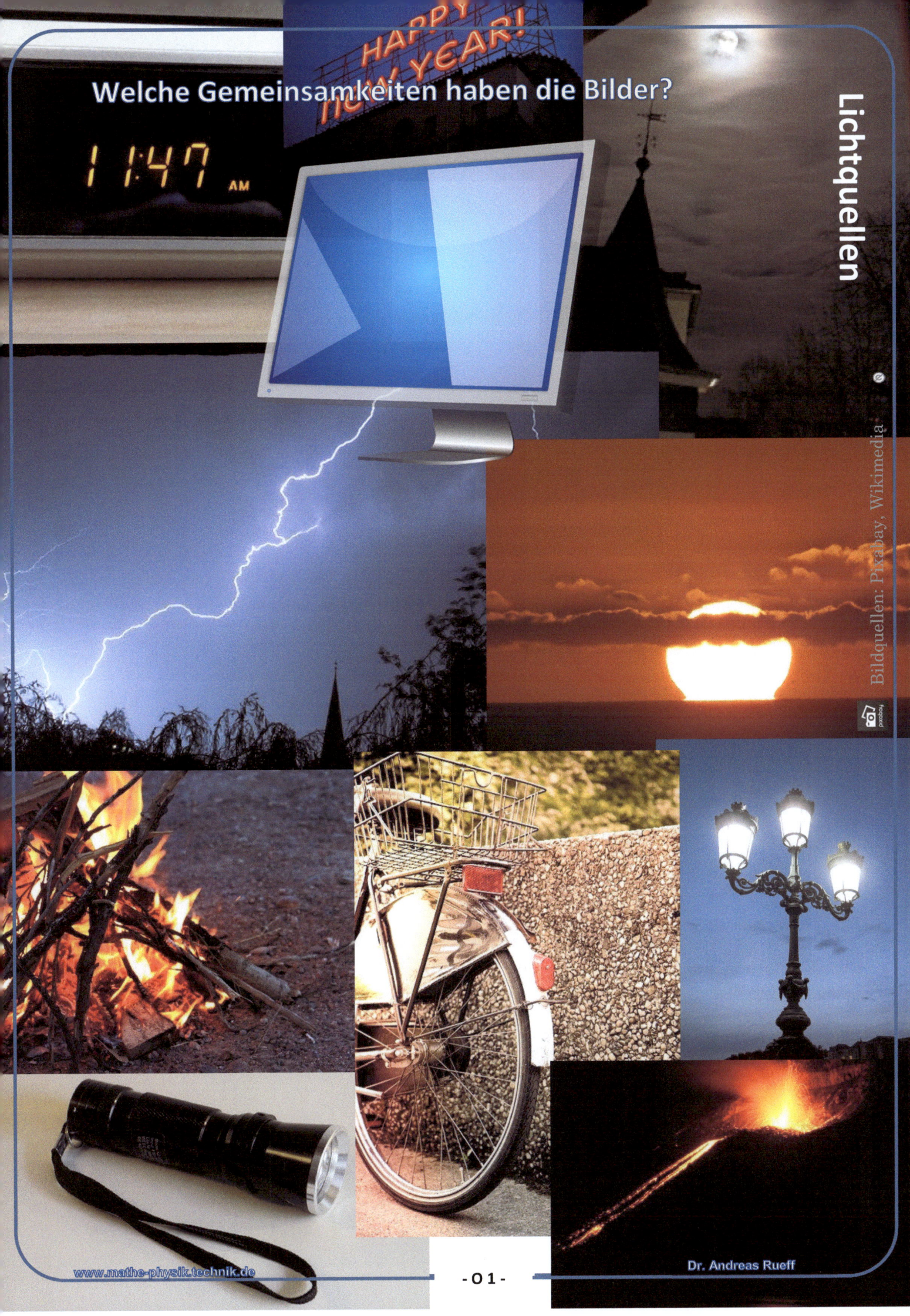

Welche Gemeinsamkeiten haben die Bilder?

Bildquellen: Pixabay, Wikimedia

Dr. Andreas Rueff

Optik

Lichtquellen: Körper die Licht erzeugen und aussenden

Natürliche Lichtquellen
→ Sonne
→ Blitz
→ Feuer
usw.

Künstliche Lichtquellen
→ Displays
→ Lampen
→ Feuer
usw.

Gegenstände sehen:

Voraussetzungen: ❶ Licht
                   ❷ Empfänger (Auge, Fotoapparat)

→ Wir sehen: ① Lichtquellen (selbstleuchtende Körper)
               ② Gegenstände (beleuchtete Körper)

helle Körper (streuen _viel_ Licht)

dunkle Körper (streuen _wenig_ Licht)

transparente Körper (lichtdurchlässig)

Sehen bedeutet aber auch: Informations-verarbeitung im Gehirn!!

Lichtausbreitung: Lichtquellen senden <u>Licht</u> <u>nach allen Seiten</u> hin <u>geradlinig</u> aus.

Optische Täuschungen

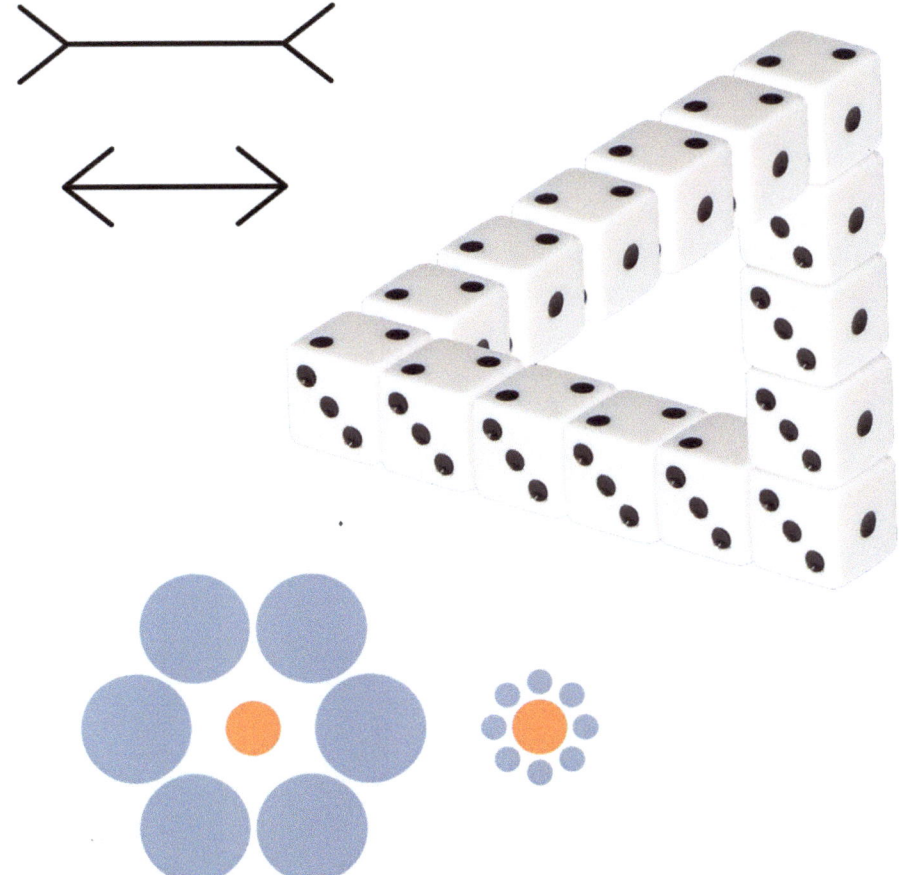

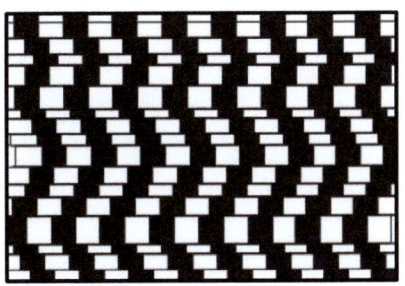

BLÜTHE UND VERWESUNG.

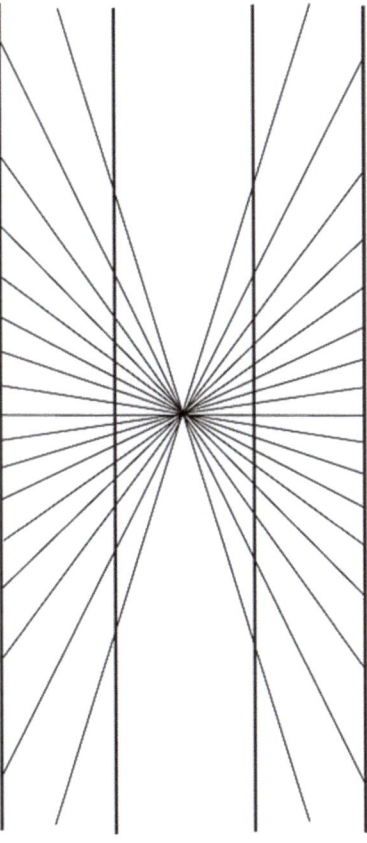

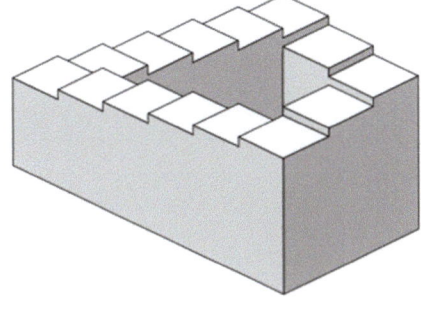

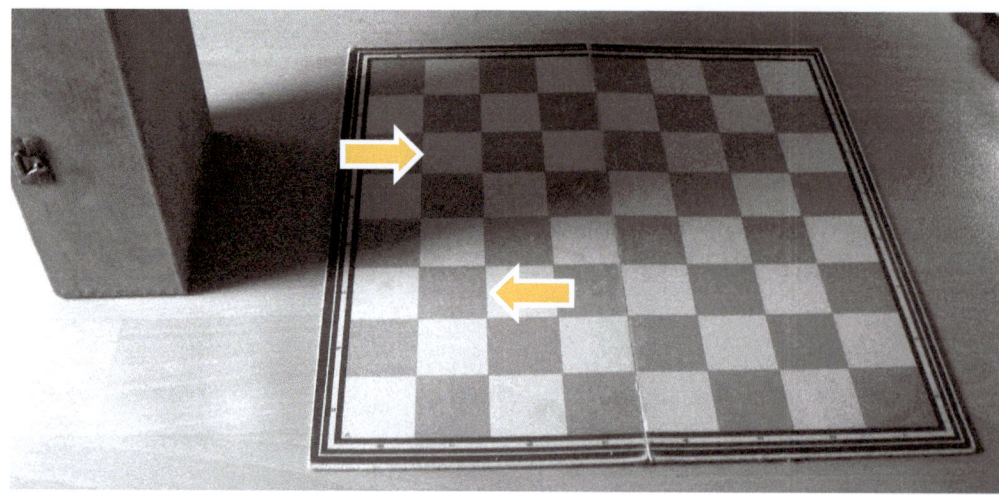

Welches Feld ist heller?

Das untere Feld ist heller!

Lichtausbreitung: Lichtbündel

Zur Darstellung von Licht verwendet man Lichtstrahlen. Ein Lichtstrahl ist allerdings unendlich dünn. Man macht sich dabei dann nicht die Arbeit, dass man jeden Lichtstrahl einzeln zeichnet und fasst sie in Lichtbündeln zusammen. Ein Lichtbündel wird dann von den Randstrahlen begrenzt.

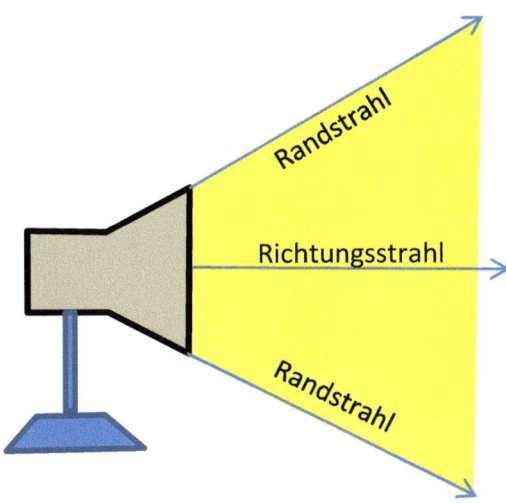

Das Bild zeigt eine Lampe. Der Abstand zwischen den Randstrahlen wird immer größer. Durch Linsen und Spiegel können die Randstrahlen jedoch beeinflusst werden.

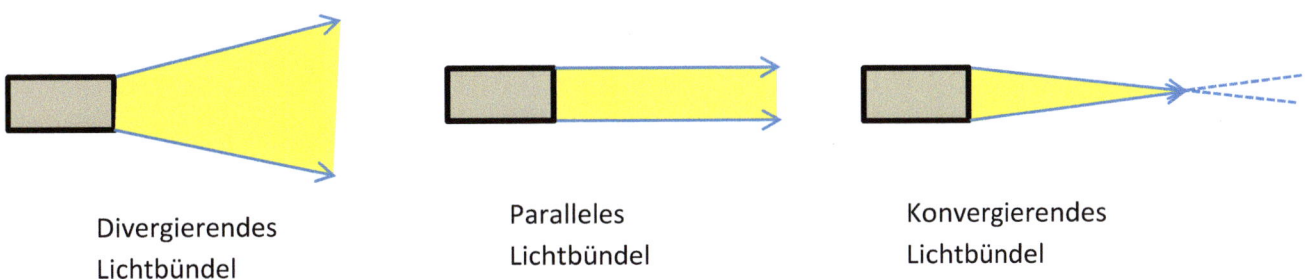

Divergierendes Lichtbündel   Paralleles Lichtbündel   Konvergierendes Lichtbündel

Das konvergierende Bündel bleibt allerdings, wie unschwer zu erkennen ist, nicht so. An einer bestimmten Stelle, dem Brennpunkt, entsteht ein divergierendes Lichtbündel.
(Zu den Linsen kommen wir später nochmal.)

Die Lichtgeschwindigkeit

Das Licht erscheint uns zunächst unbegrenzt schnell. In unserer Erfahrungswelt ist es uns nicht möglich dem Licht eine Geschwindigkeit zuzuordnen.

Aber: Auffälligkeiten bei astronomischen Beobachtungen (damit verbundenen: große Entfernungen im Weltall!!).

→ Erklärung durch Olaf Römer (1676). Er konnte sogar die Geschwindigkeit des Lichts angeben.

$$v \cong 300\,000\,\frac{km}{s}$$

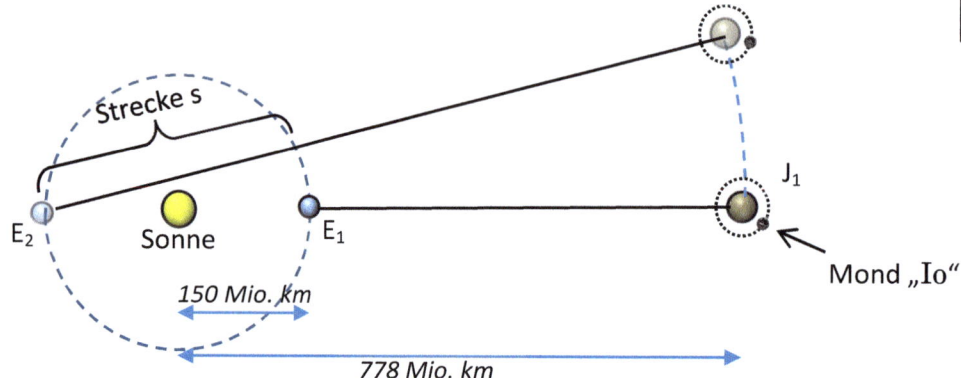

Erklärung:

Römer beobachtete den Jupitermond „Io" und notierte seine Umlaufzeit. Er beobachtete, dass er immer nach ca. 42,5 Stunden hinter dem Jupiter auftauchte. Diese Beobachtung machte er bei Position E_1/J_1. Dadurch war eine genaue Vorhersage des Zeitpunktes möglich, wann der Jupitermond wieder erscheinen wird ($x \cdot 42{,}5h$).

Diese Beobachtung müsste dann auch den entsprechenden Zeitpunkt ein halbes Jahr später (Position E_2/J_2) wieder richtig vorhersagen. Bis dahin hätte Io ca. 100 Mal den Jupiter umrundet. Die Umrundung müsste man also nach $100 \cdot 42{,}5h$ wieder beobachtet können.

Die Umrundung wurde allerdings erst ca. 16,5 Minuten „zu spät" beobachtet! Der Grund hierfür ist, dass das Licht die Wegstrecke „s" zusätzlich zurücklegen muss, um die Erde zu erreichen. Die Strecke entspricht etwa dem doppelten Abstand der Erde zur Sonne ($s \cong 300\,000\,000\,km$) Daraus ergibt sich eine Geschwindigkeit:

$$v \cong \frac{300\,000\,000\,km}{16{,}5\,min} \cong 300\,000\,\frac{km}{s}$$

Licht und Schatten

Versuch:

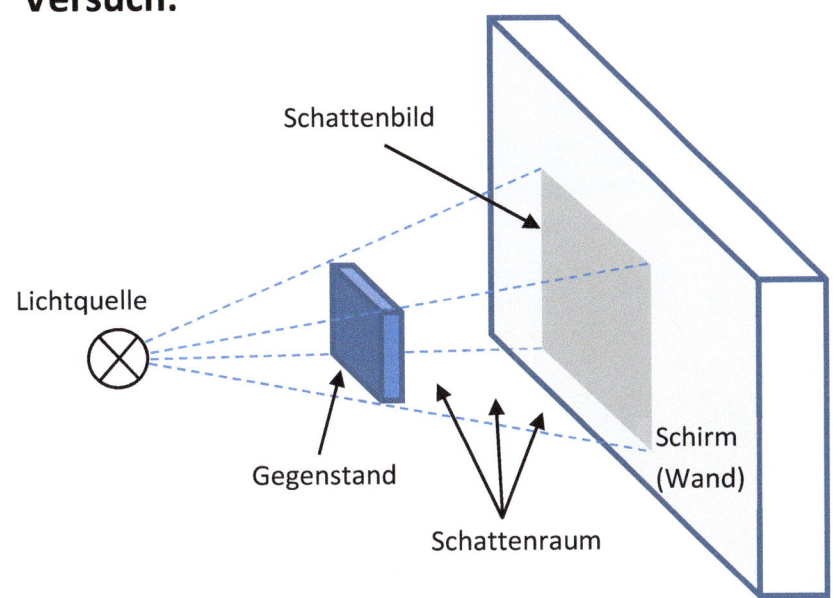

Labels in diagram: Schattenbild, Lichtquelle, Gegenstand, Schattenraum, Schirm (Wand)

Schatten: lichtarmer Raum hinter einem lichtundurchlässigen Körper.

Schattenbild: Silhouette auf einem Schirm hinter dem Körper.

Schattenbilder von **punktförmigen Lichtquellen** (erzeugen scharfe Schattenbilder → **Schlagschatten**)

Kern- und Halbschatten

Wenn mehrere Lichtquellen einen Körper beleuchten überlappen sich die Schattenbilder:

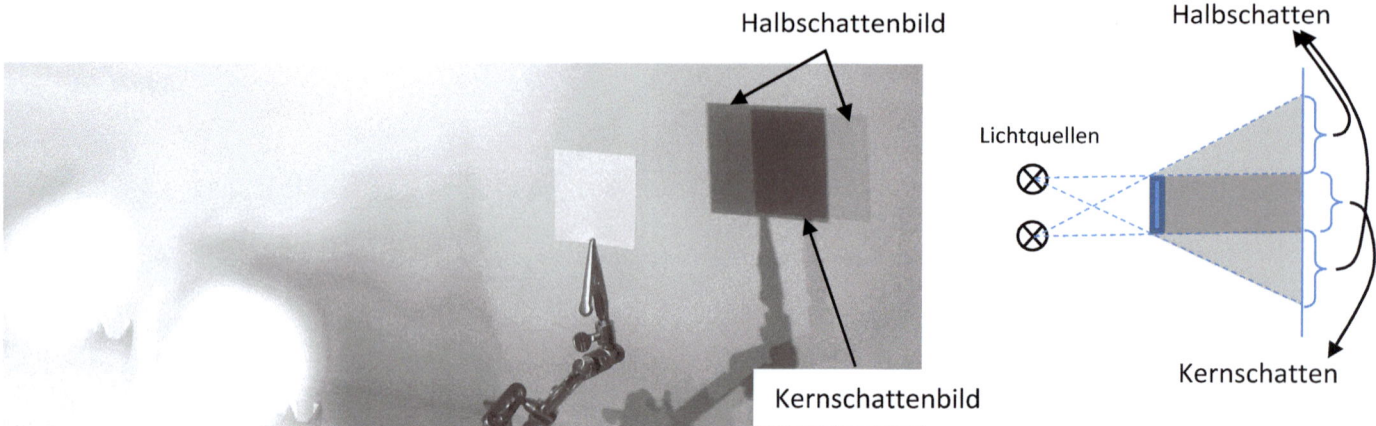

Hinter dem Körper erkennt man Bereiche mit unterschiedlicher Helligkeit. Durch die beiden Lichtquellen entstehen **zwei Schattenbilder** die sich überlappen. Der innere Bereich des Schattens ist am dunkelsten. Dieser Bereich wird von keiner Lichtquelle beleuchtet und wird als **Kernschatten** bezeichnet.
Die beiden helleren Bereiche des Schattens werden nur von jeweils einer der beiden Lichtquellen beleuchtet. Diese Bereiche werden als **Halbschatten** bezeichnet.

Anwendung: Mondfinsternis und Sonnenfinsternis !!

Übergangsschatten

Bisher wurden **punktförmige Lichtquellen** eingesetzt.

Bei der Verwendung **flächiger Lichtquellen** (Leuchtstoffröhren, etc.) erhält man keine scharfen Konturen beim Schattenbild. Der „fließende Übergang" wird als **Übergangsschatten** bezeichnet.

Übung:

Konstruiere für die folgenden Gegebenheiten jew. den Schatten

Angenommen werden punktförmige Lichtquellen. Die Lichtquelle ist immer in Zentrum der dargestellten Lampe.

Lichtquellen

Schirm

Schirm

Welches Schattenbild ist richtig?

Welches Schattenbild ist richtig?

Schirm

Schirm

Zeichne das Schattenbild auf dem rechten Schirm.

 Dr. Andreas Rueff

Konstruiere für die folgenden Gegebenheiten jew. den Schatten

Angenommen werden punktförmige Lichtquellen. Die Lichtquelle ist immer in Zentrum der dargestellten Lampe.

Welches Schattenbild ist richtig?

Lichtquellen

Schirm

Schirm

Welches Schattenbild ist richtig?

Schirm

Schirm

Zeichne das Schattenbild auf dem rechten Schirm.

Sonnen- und Mondfinsternis

Vorüberlegungen:

❶ Der Mond umkreist die Erde.

❷ Die Sonne ist sehr viel größer als der Mond!

Bei einer Sonnen- bzw. Mondfinsternis ist jeweils die Sonne, bzw. der Mond nicht mehr sichtbar. Wie kommt das?

Mondfinsternis:

Die Erde befindet sich zwischen Mond und Sonne:

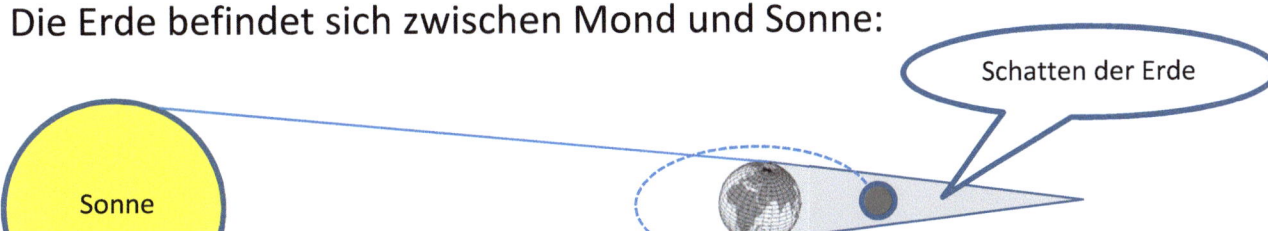

Dabei wirft die Erde ihren Schatten auf den Mond. Der Mond ist dann nicht mehr angeleuchtet und wird verdunkelt.

Sonnenfinsternis:

Der Mond schiebt sich zwischen Sonne und Erde:

Dabei wirft der Mond seinen Schatten auf die Erde. Die Sonne ist dann nicht mehr sichtbar.

Bei einer partiellen (teilweisen) Sonnenfinsternis ist der Mond nicht genau zwischen Beobachter und Sonne. Dadurch kann man noch Teile der Sonne sehen.

Der Mond und seine Gestalt

Mondphasen:

Der Mond wird (fast) immer von einer Seite voll beleuchtet.

→Wir sehen aber meistens nur einen Teil dieser beleuchteten Hälfte.

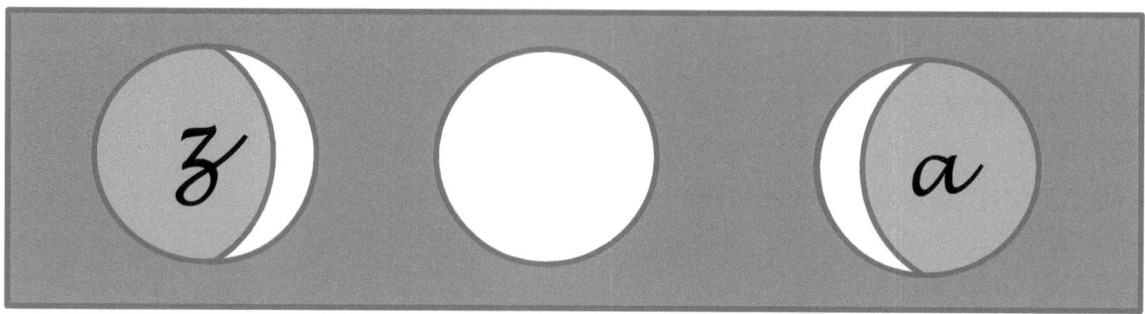

zunehmender Mond   Vollmond   abnehmender Mond

Zunehmender Mond: Der Mond wird von rechts beleuchtet.

Angelehnt am *z* (altdeutsches z) ist der Bogen rechts.

Abnehmender Mond: Der Mond wird von links beleuchtet.

Angelehnt am *a* ist der Bogen links.

Reflexion von Licht

→Glänzende oder spiegelnde Flächen: **Licht wird reflektiert**

Versuch:

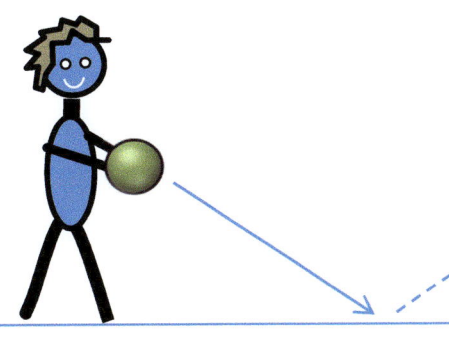

Ebenso wie der Ball auf dem Boden abprallt und sich danach immer in eine **bestimmte Richtung** bewegt, so wird auch Licht an einer spiegelnden Oberfläche **gerichtet** umgelenkt.

Das bedeutet: Es gelten bestimmte Gesetzmäßigkeiten!

A: Einfallsstrahl
B: Ausfalls- oder Reflexionsstrahl
α : Einfallswinkel
β : Reflexionswinkel
E: Einfallspunkt

Reflexionsgesetz: Einfallswinkel = Reflexionswinkel

Anwendungsbeispiele:

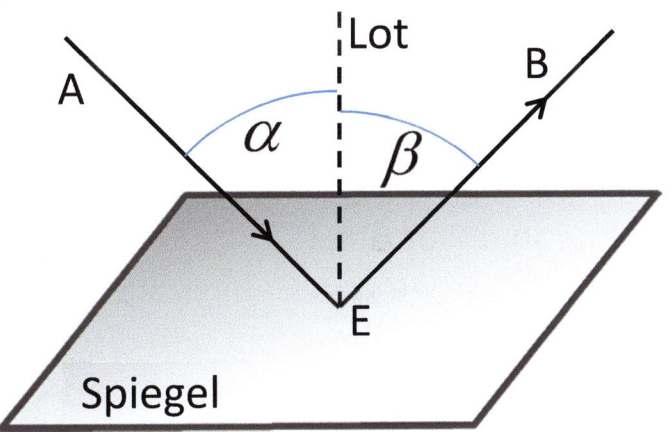

Reflektoren sind aus vielen *Spiegelecken* zusammengesetzt. Diese werfen das Licht immer in die Richtung zurück, aus der es kam.
(Im Bild rechts ist sogar die Kamera zu erkennen)

Das Spiegelbild

Lichtquellen senden strahlenförmig Lichtstrahlen in alle Richtungen aus. Einige davon treffen in unser Auge. Dadurch sehen wir den Gegenstand A.

→ Glänzende oder spiegelnde Flächen: **Licht wird reflektiert**
Treffen die Lichtstrahlen auf einen Spiegel, so werden sie nach dem Reflexionsgesetz reflektiert.

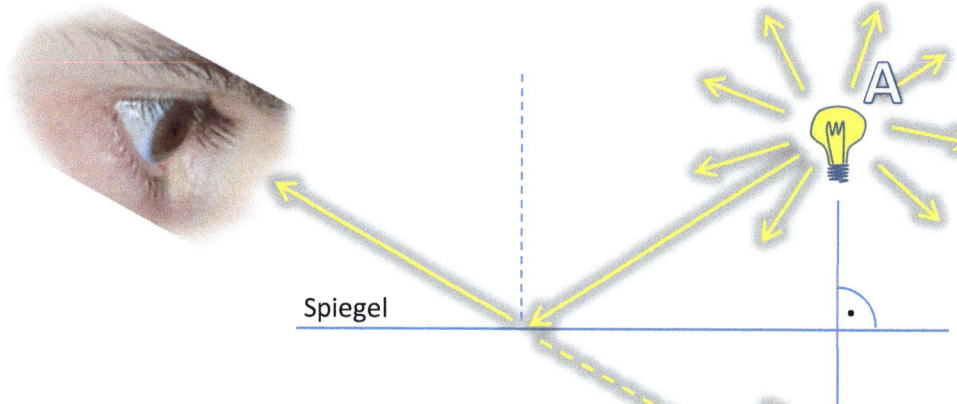

Diese Strahlen treffen ebenfalls in unser Auge.
Für Auge und Gehirn sind reflektierte Lichtstrahlen nicht von direkter Einstrahlung zu unterscheiden. Wir vermuten daher den Gegenstand am Ursprung der rückwärts verlängerten Strahlen.

Die Strahlen hinter dem Spiegel sind nicht real! Sie werden deshalb gestrichelt gezeichnet!

Das Bild A' kann von einer Person hinter dem Spiegel natürlich nicht beobachtet werden. Es gehen keine realen Lichtstrahlen von A' aus. Man bezeichnet das Bild daher als **virtuelles Bild** des Gegenstands.
Das Spiegelbild hat die Eigenschaft, dass die Richtung senkrecht zur Spiegelfläche umgekehrt wird.

Gekrümmte Oberflächen

Auch an gekrümmten Oberflächen gilt das Reflexionsgesetz!

→ Man kann sich eine gewölbte Oberfläche aus vielen ebenen Flächenstücken zusammengesetzt vorstellen. An jeder Teilfläche gilt das Reflexionsgesetz.

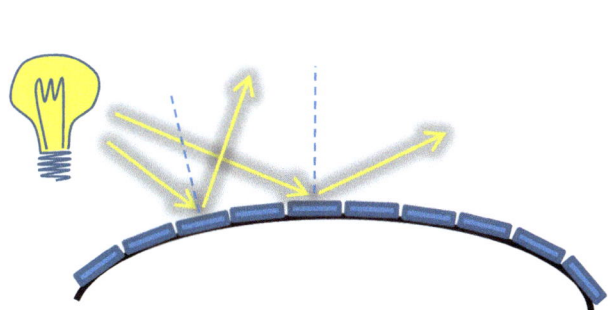

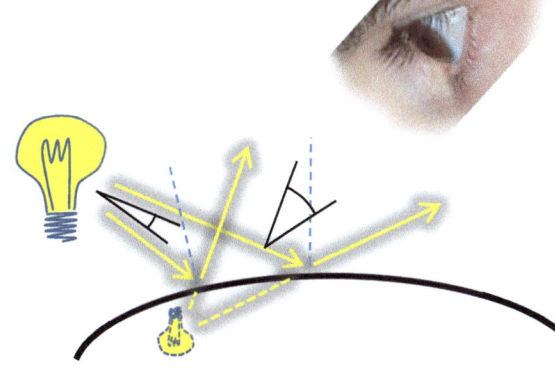

Wölbspiegel

Ein Wölbspiegel lässt die Gegenstände **verkleinert** und **weiter weg** erscheinen. (Der Winkel zwischen den Randstrahlen ist nach der Reflexion größer als vorher.) Dafür sieht man einen größeren Bereich der Umgebung.

Anwendungen:
→Überwachungsspiegel (Supermarkt),
→Verkehrsspiegel

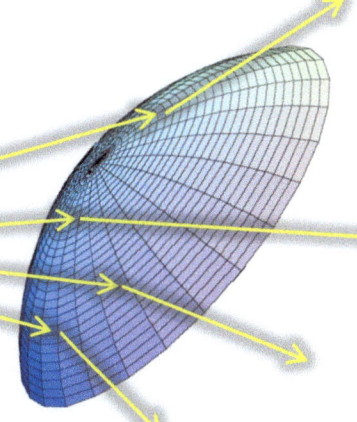

Hohlspiegel

Bei einem Hohlspiegel verlaufen die Randstrahlen des virtuellen Bildes nach der Reflexion in einem kleineren Winkel zueinander. Dadurch erweckt das virtuelle Bild den Eindruck, dass der Gegenstand zwar **weiter entfernt**, aber **größer** als das Original wahrgenommen wird.

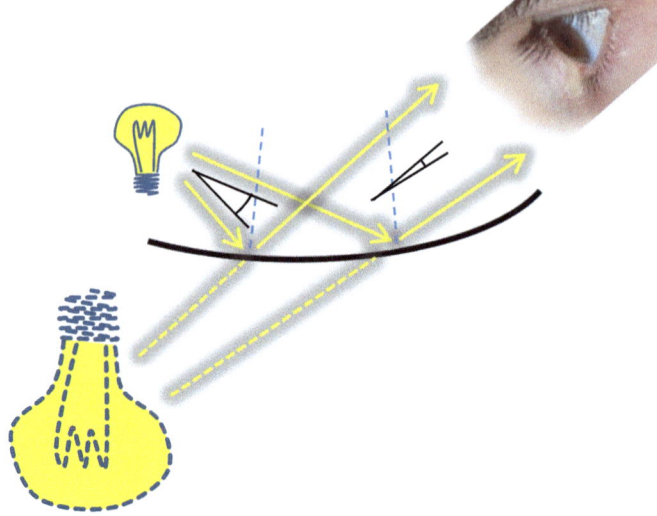

Parallel verlaufende Strahlen werden bei einem Hohlspiegel durch die Reflexion so umgelenkt, dass sie sich in einem einzigen Punkt treffen (Brennpunkt).

Anwendungen:
→ Solargrill: Im Brennpunkt bündelt sich die gesamte Energie des einfallenden Lichts. Dadurch kann an dieser Stelle sogar gegrillt werden.

→ Satellitenempfang: Der Empfänger des Receivers wird im Brennpunkt der Satellitenschüssel angebracht. Dadurch ist das Signal des Satelliten für den Empfang stark genug.

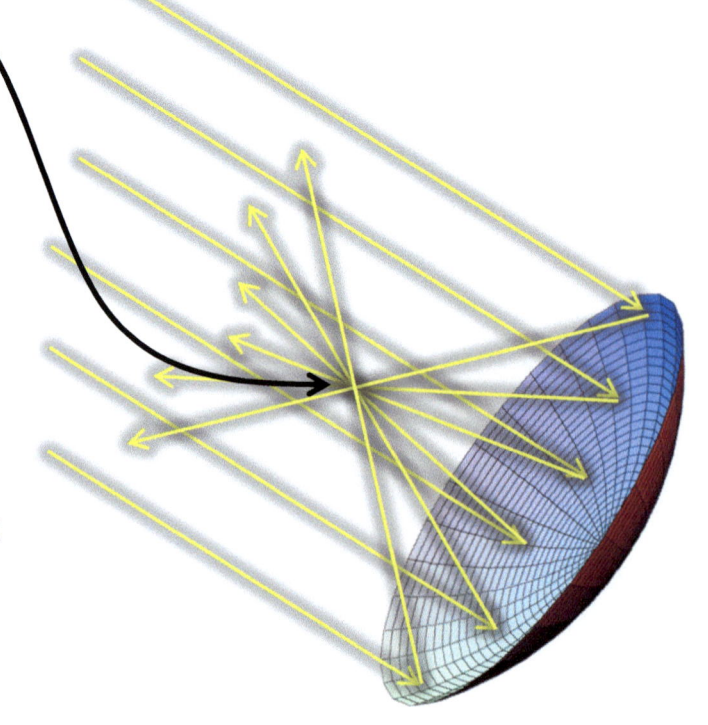

Brechung von Licht (1)

You Tube ▶

Versuch: Ein Geldstück liegt auf dem Boden einer Tasse. Wir schauen über den Rand der Tasse so hinein, dass wir den Boden jedoch nicht sehen können. Jetzt wird Wasser in die Tasse gegeben. Ohne die Beobachtungsposition zu verändern sehen wir plötzlich das Geldstück.

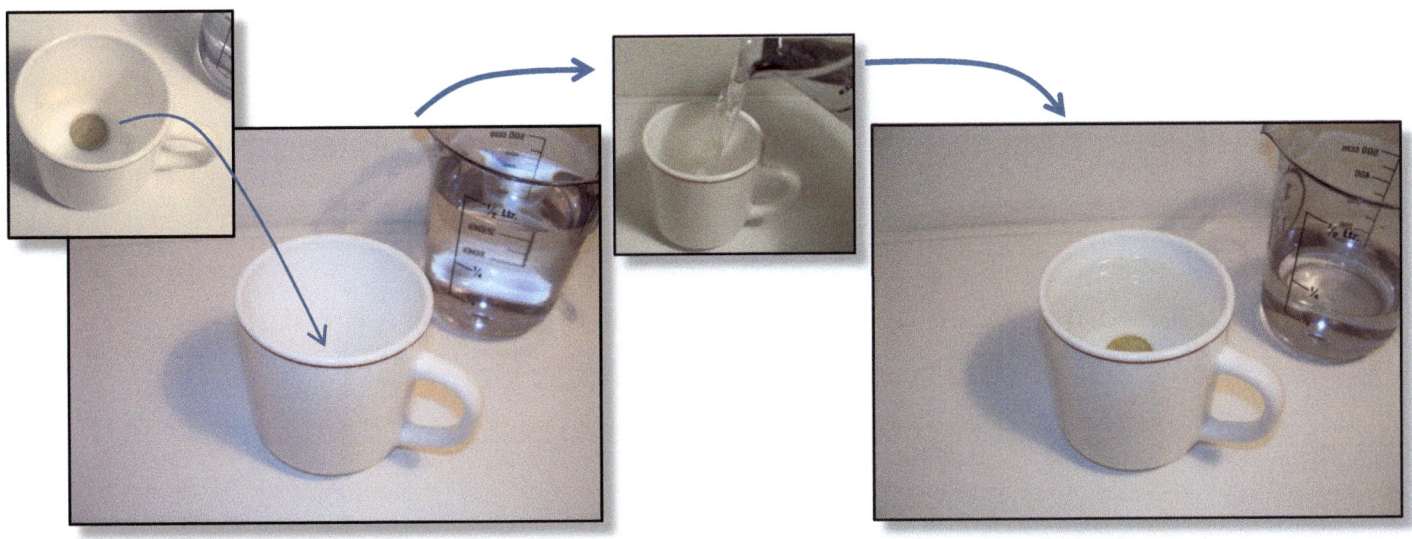

Hier findet ein Übergang von Licht aus einem transparenten Stoff in einen anderen transparenten Stoff statt. (Luft ↔ Wasser)

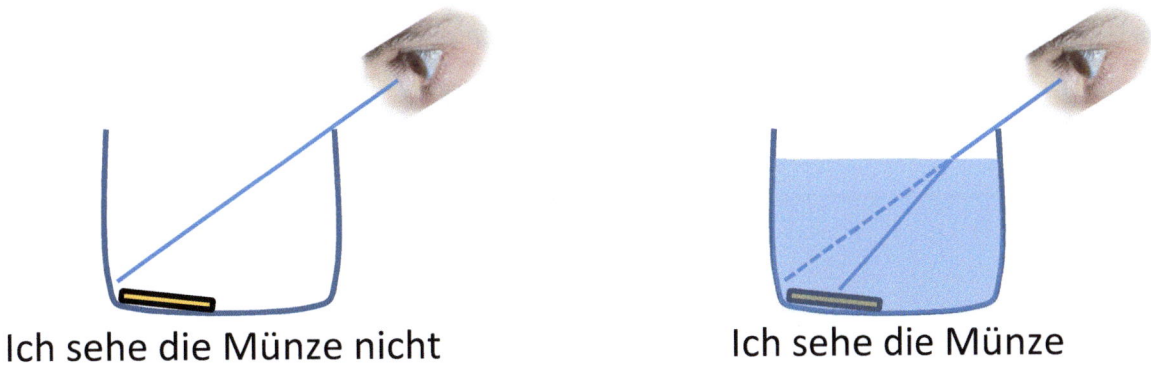

Ich sehe die Münze nicht   Ich sehe die Münze

→ Das Licht muss also offensichtlich umgelenkt werden!

Das Licht wird an der Grenzfläche gebrochen!

Auch bei anderen transparenten Stoffen findet
Brechung statt (z.B. Glas).

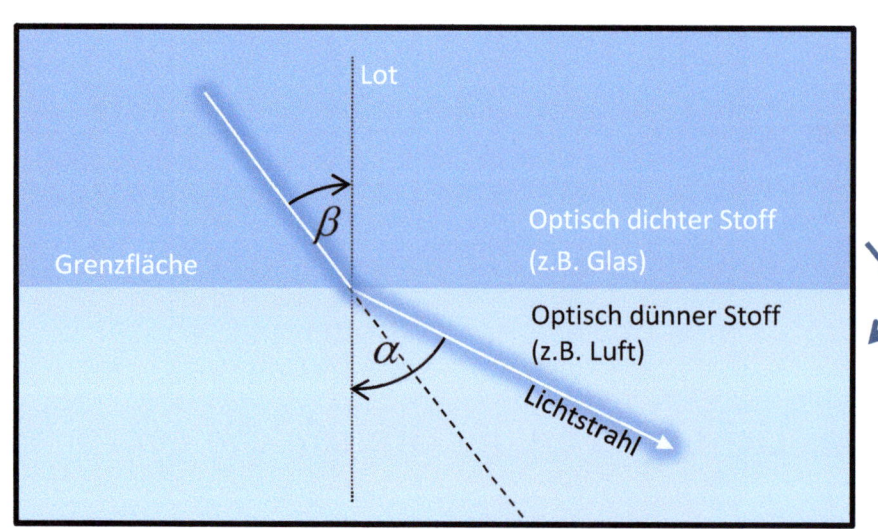

Der Lichtstrahl wird an der Grenzfläche in eine andere Richtung
umgelenkt. Der Ausfallswinkel β ist dadurch kleiner als der
Einfallswinkel α (*Beachte: Die Winkel werden zum Lot hin gemessen!*).

Wie stark der Lichtstrahl abgelenkt wird ist abhängig …
→ … von der optischen Dichte der beiden Stoffe, die die
    Grenzfläche bilden (siehe Tabellenbücher).
→ … vom Einfallswinkel.
→ … <u>von</u> welchem Stoff <u>in</u> welchen Stoff der Übergang
    stattfindet (z.B.: Glas →Luft *oder* Luft →Glas).

Brechung von Licht (2)

Abhängigkeit vom Einfallswinkel

Je größer der Einfallswinkel ist, desto stärker wird der Strahl von seiner ursprünglichen Richtung abgelenkt.

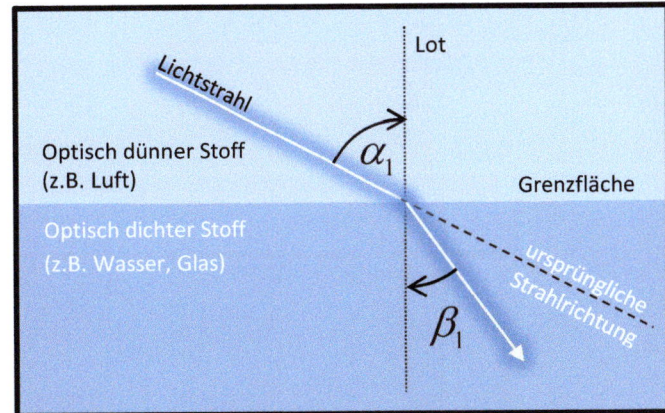

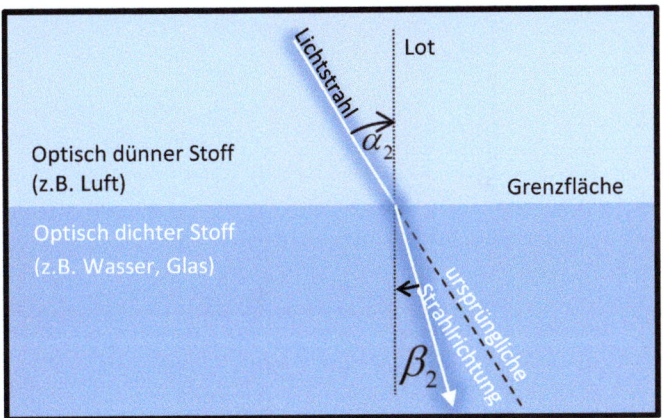

Für den Fall, dass der einfallende Strahl senkrecht auf die Grenzfläche trifft, findet keine Ablenkung des Strahls statt. Der Strahl geht mit unveränderter Richtung in das andere Material über.

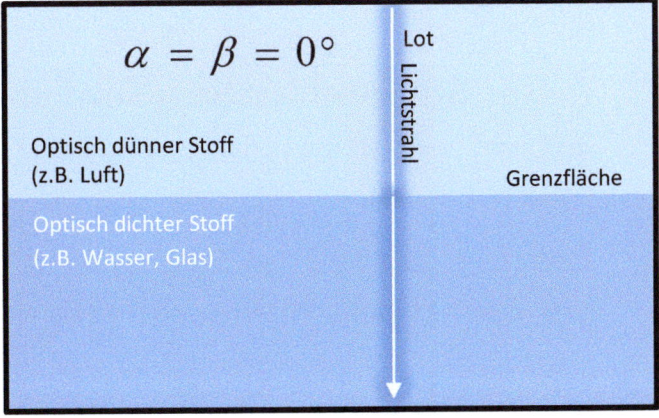

Brechung von Licht (3)

Die Totalreflexion

Der Austritt aus einem dichteren Stoff in einen dünneren ist für einen Lichtstrahl nur dann möglich, wenn der Einfallswinkel einen bestimmten Grenzwert nicht überschreitet!

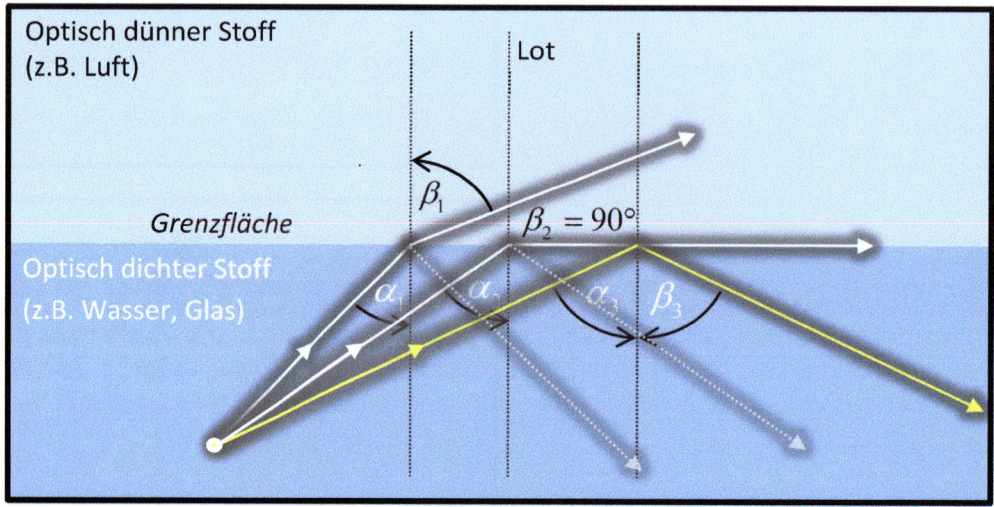

Wird der Einfallswinkel größer als der Grenzwert, dann wird er an der Grenzfläche total in das ursprüngliche Medium reflektiert $\left(\alpha_3 = \beta_3\right)$.

Dieser Grenzwert ist vom Stoff abhängig und beträgt beim Übergang Wasser $\rightarrow$ Luft beispielsweise 48° $\left(= \alpha_2\right)$.

Beachte: Ein Teil des Strahls wird beim Übergang in den anderen Stoff an der Grenzfläche immer reflektiert.

Optische Abbildungen (1)

① Die Lochkamera

Versuch: Ein Kasten wird mit einer kleinen Öffnung an einer Seite, wird mit einer durchscheinenden Abdeckung (Butterbrotpapier) auf der anderen Seite beklebt.

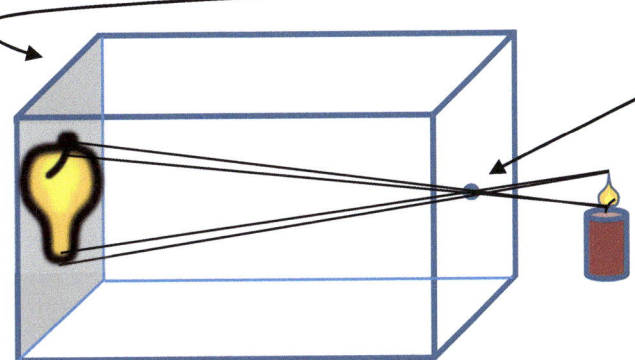

Zwei Lichtbündel genügen zur Konstruktion der Abbildung.

Eigenschaften: a) unscharfes Bild
b) Bild steht auf dem Kopf
c) lichtschwache Abbildung

→ Je kleiner die Öffnung, desto schärfer, aber dafür
lichtschwächer wird das Bild.

② Abbildung durch eine Linse

Versuchsanordnung:

Linse

Schirm

 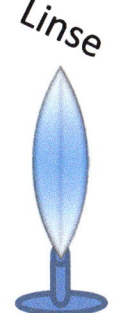 

Eigenschaften: a) scharfes Bild
b) Bild steht auf dem Kopf
c) lichtstarke (helle) Abbildung

Optische Abbildungen (2)

You Tube ▶

Abbildungen durch eine Linse

An einer Linse wird ein Lichtstrahl zweimal gebrochen.

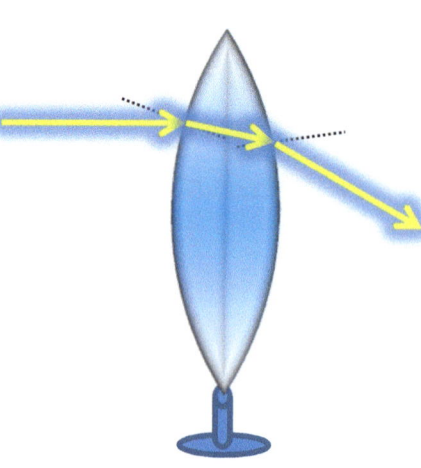

Eine Linse ist ein Glaskörper mit gewölbter Oberfläche. Die Linse kann man sich aber als Zusammensetzung von mehreren Prismen (ohne gewölbte Oberflächen) vorstellen:

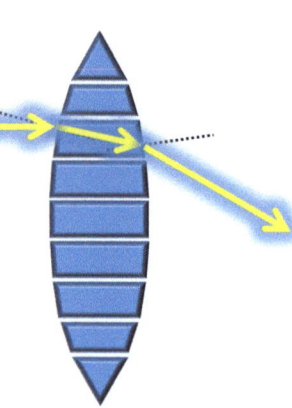

Die Brechung an den Grenzflächen erfolgt jeweils abhängig von Stoff, einmal von der Luft ins Glas und dann vom Glas in die Luft. Die Grenzflächen verlaufen nicht parallel, dadurch wird der Strahl abgelenkt.

Paralleles Licht fällt auf die Linse

Paralleles Licht

Brenn-
punkt

Optische Achse

F   F

Das Licht wird an der Linse gebrochen und in Richtung Brennpunkt **F** (Fokus) umgelenkt.

Der Abstand des Brennpunktes von der Linse wird als Brennweite bezeichnet und ist von der Wölbung der Linse abhängig.

Optische Abbildungen (3)

Abbildungen durch die Sammellinse (1)

Bei der Konstruktion des Strahlengangs wird die Brechung an Vorderseite und Rückseite der Linse - vereinfachend - auf die Mittellinie der Linse reduziert.

Die Bildkonstruktion:
1. Parallelstrahl **{** einzeichnen   (vom Gegenstand parallel zur optischen Achse)
2. Brennstrahl **}** einzeichnen   (vom Parallelstrahl durch den Brennpunkt)
3. Mittelpunktstrahl   einzeichnen (vom Gegenstand durch den Linsenmittelpunkt)

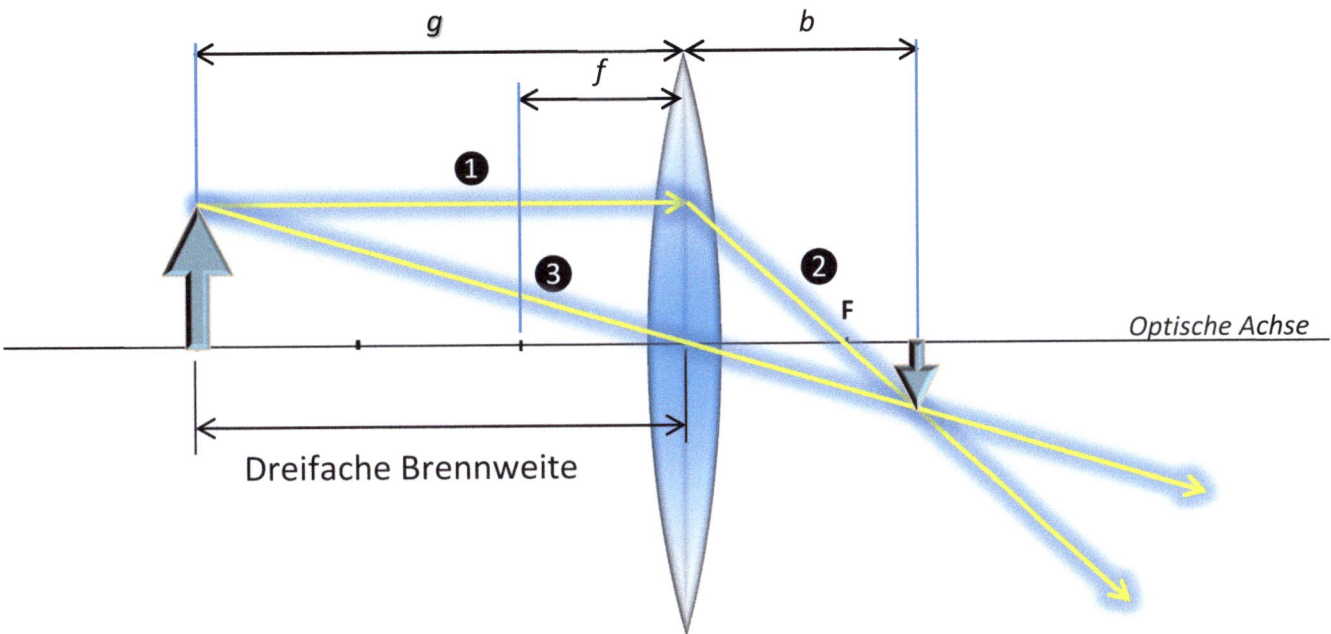

Am Schnittpunkt von ❷ und ❸ entsteht ein verkleinertes, umgekehrtes und reelles Bild des Gegenstands.

(**reelles Bild**: d.h., das Bild kann auf einem Schirm aufgefangen werden)

Bezeichnungen:
Abstand Gegenstand zur Linse: ***Gegenstandsweite g***
Abstand Bild zur Linse: ***Bildweite b***
Abstand Brennpunkt zur Linse: ***Brennweite f***

Optische Abbildungen (4)

Abbildungen durch die Sammellinse (2)

Die Gegenstandsweite ist für das Bild von entscheidender Bedeutung.

Verschiedene Gegenstandsweiten bewirken unterschiedliche Bild<u>größen</u> und Bild<u>weiten</u>!

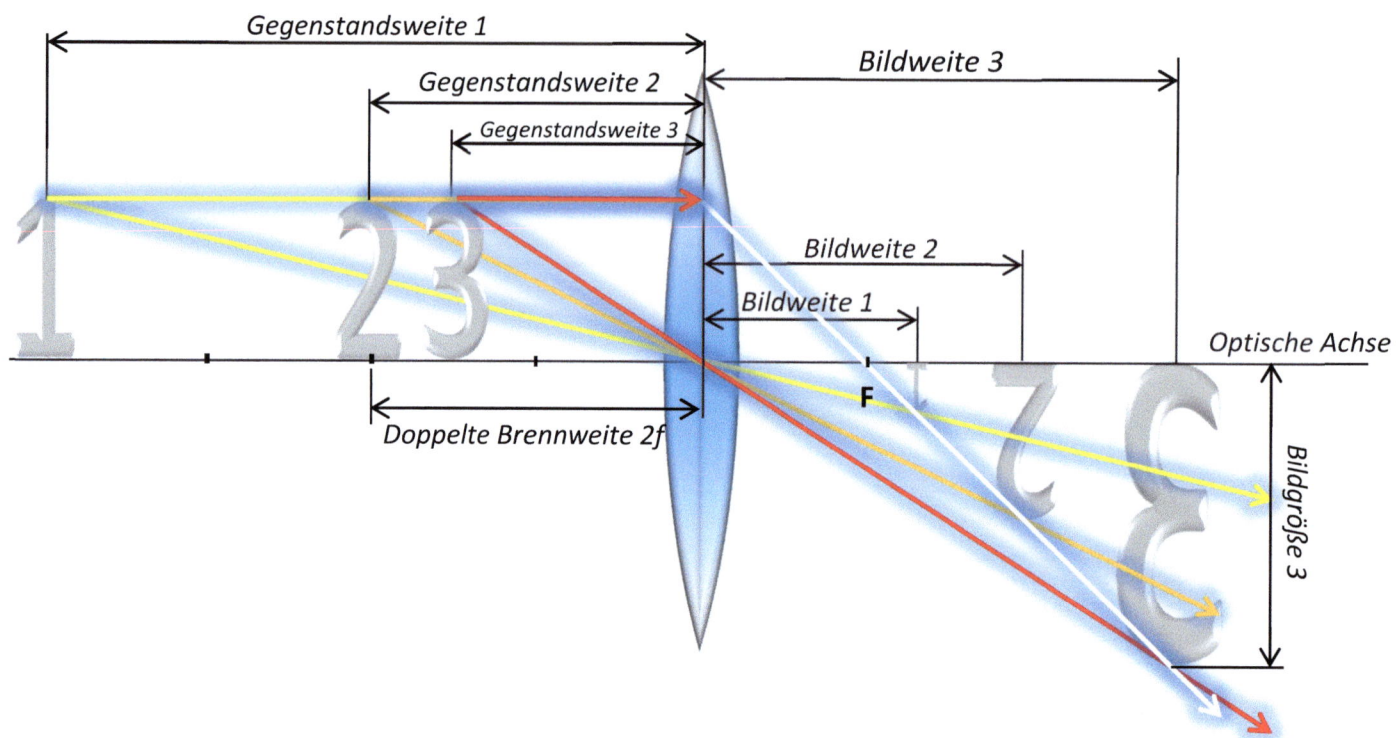

1) $g > 2f \rightarrow$ **Verkleinertes**, umgekehrtes und reelles Bild
2) $g = 2f \rightarrow$ **Gleichgroßes**, umgekehrtes und reelles Bild
3) $g < 2f \rightarrow$ **Vergrößertes**, umgekehrtes und reelles Bild

Die Anwendung des Strahlensatzes der Geometrie führt zur sogenannten Abbildungsgleichung, auch Linsengleichung genannt:

Es gilt:
$G \rightarrow$ Gegenstandsgröße
$B \rightarrow$ Bildgröße
$g \rightarrow$ Gegenstandsweite
$b \rightarrow$ Bildweite
$f \rightarrow$ Brennweite

$$\frac{B}{G} = \frac{b}{g}$$

$\rightarrow$**Linsengleichung:**

$$\frac{1}{b} + \frac{1}{g} = \frac{1}{f}$$

Optische Abbildungen (5)

Die Lupe

Für **Gegenstandsweiten kleiner als der Brennweite** der Linse entsteht ein **vergrößertes, aufrechtes, virtuelles Bild** (*D.h.: Dieses Bild wird direkt beobachtet und kann nicht auf einem Schirm aufgefangen werden.*) des Gegenstands.

Zur Konstruktion des Bildes müssen Brennstrahl und Mittelpunktstrahl nach hinten verlängert werden.

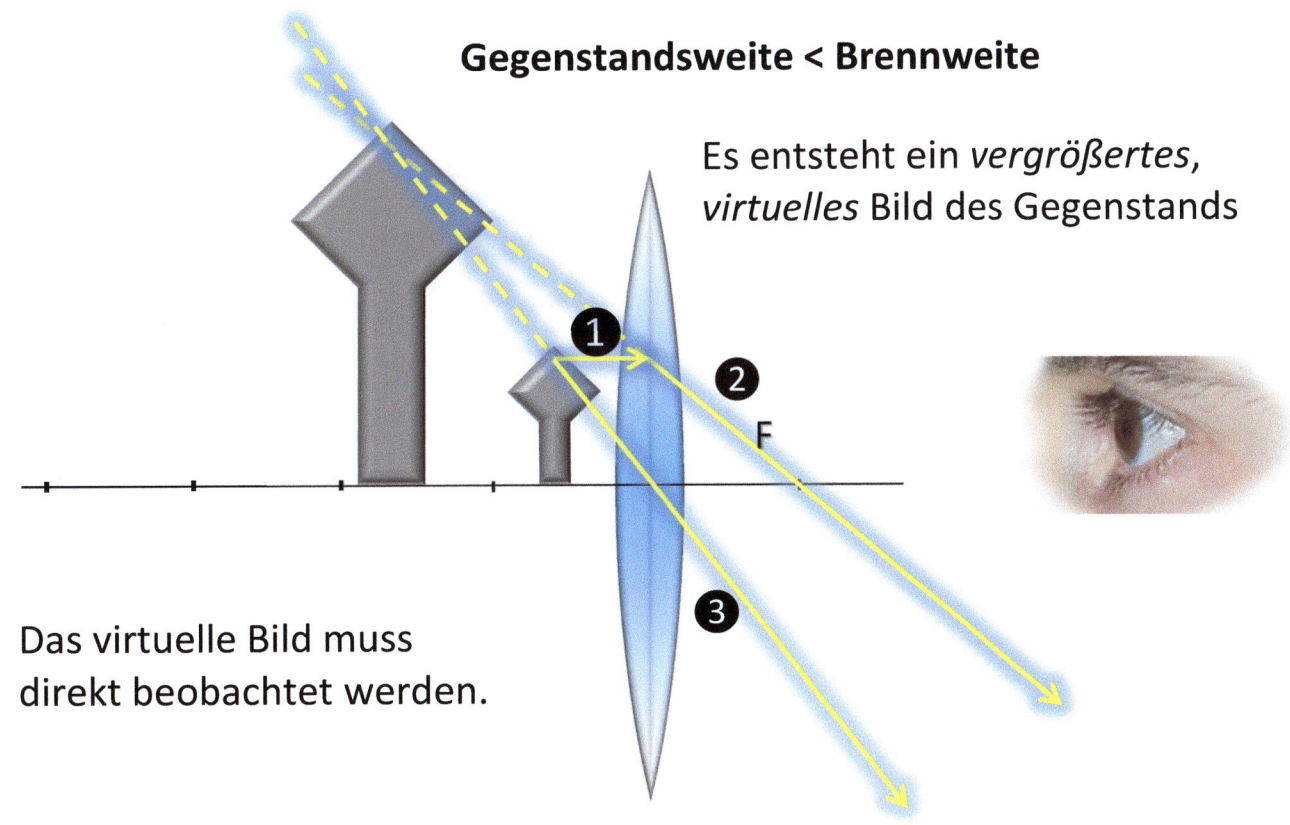

Gegenstandsweite < Brennweite

Es entsteht ein *vergrößertes, virtuelles* Bild des Gegenstands

Das virtuelle Bild muss direkt beobachtet werden.

*(Ist die Gegenstandsweite **gleich** der Brennweite kann kein Bild konstruiert werden.)*

Linsen

Die bisher betrachteten Linsen hatten jeweils die gleiche Form.

Diese Art von Linsen bezeichnet man als Sammellinsen (Konvexlinsen). Sie sind in der Mitte dicker als am Rand. Sammellinsen bündeln parallel einfallendes Licht in einem Punkt (Brennpunkt).

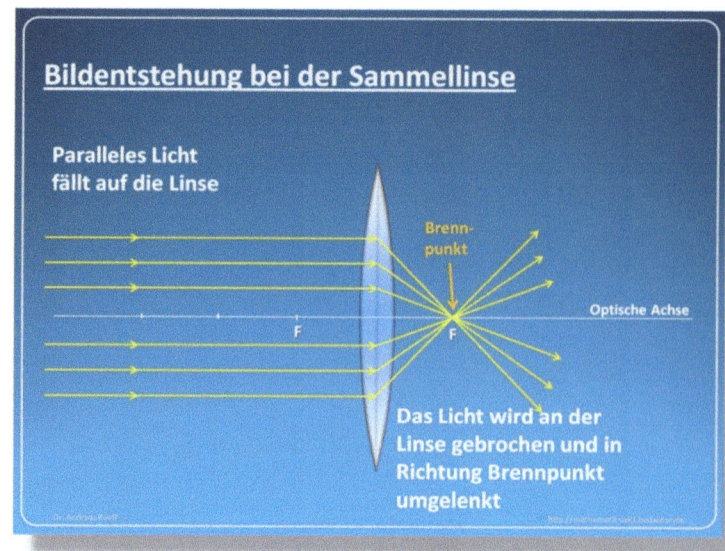

Jetzt betrachten wir den umgekehrten Fall:

Die Konkavlinse (Zerstreuungslinse)

Wie bei der Sammellinse wird bei der Konstruktion des Strahlengangs die Brechung an Vorderseite und Rückseite der Linse – vereinfachend - auf die Mittellinie der Linse reduziert.

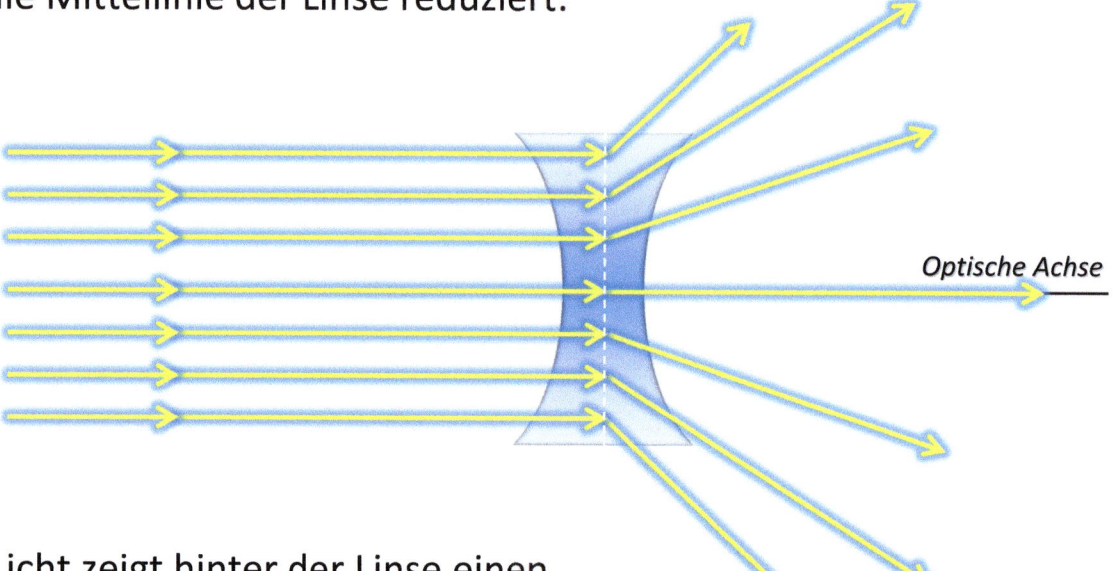

Das Licht zeigt hinter der Linse einen divergierenden Verlauf, es läuft also nicht mehr auf einen Punkt zu (wie bei der Sammellinse). Das Licht läuft auseinander, es wird zerstreut.

Das Licht scheint dabei von einem einzigen Punkt herzukommen. Dieser Punkt wird als **virtueller Brennpunkt** der Linse bezeichnet.

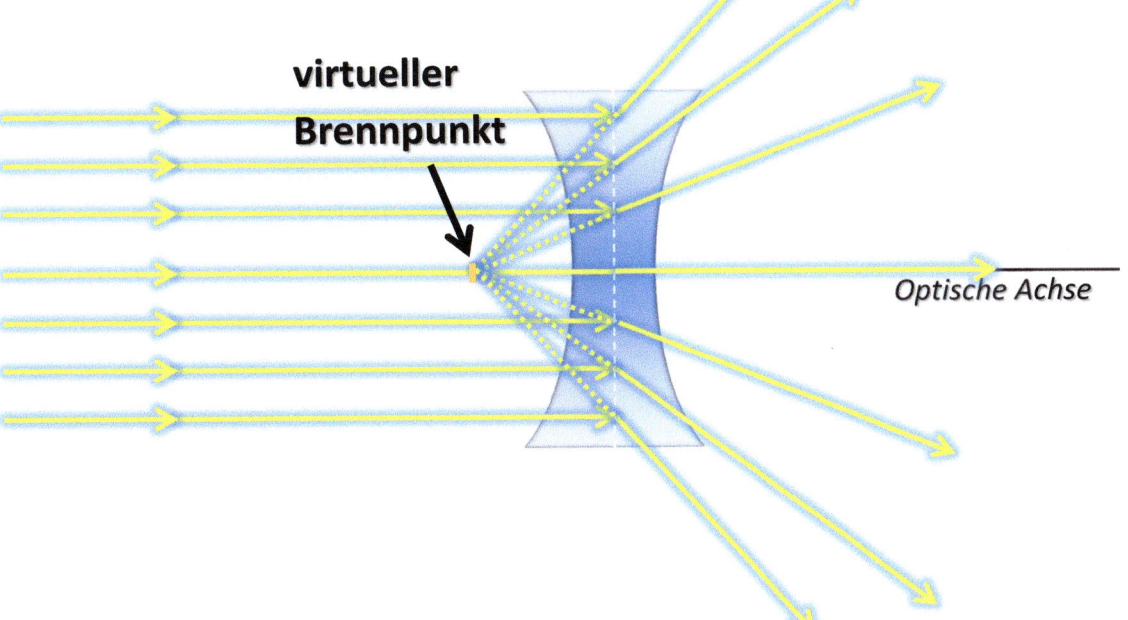

Der Strahlverlauf lässt sich auch umkehren:

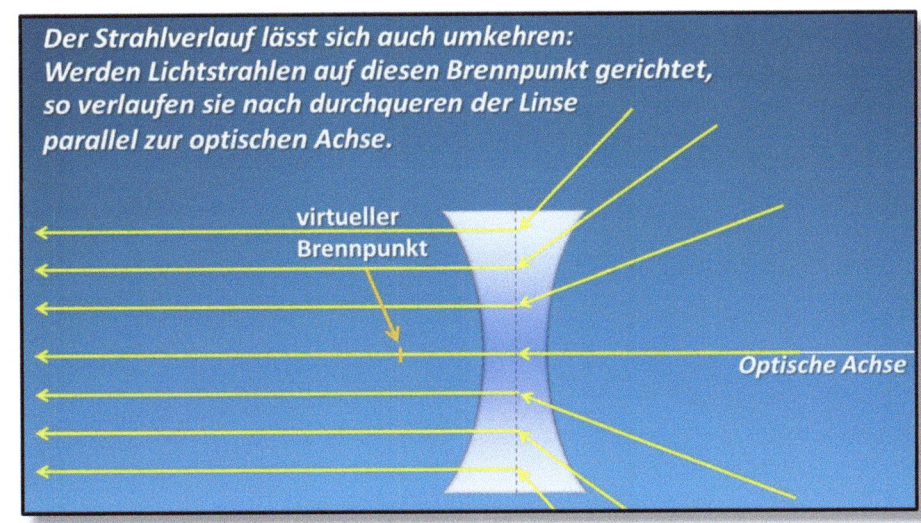

Der Strahlverlauf lässt sich auch umkehren: Werden Lichtstrahlen auf diesen Brennpunkt gerichtet, so verlaufen sie nach durchqueren der Linse parallel zur optischen Achse.

Je nach Form unterscheidet man verschiedene Arten von Konvex- und Konkavlinsen:

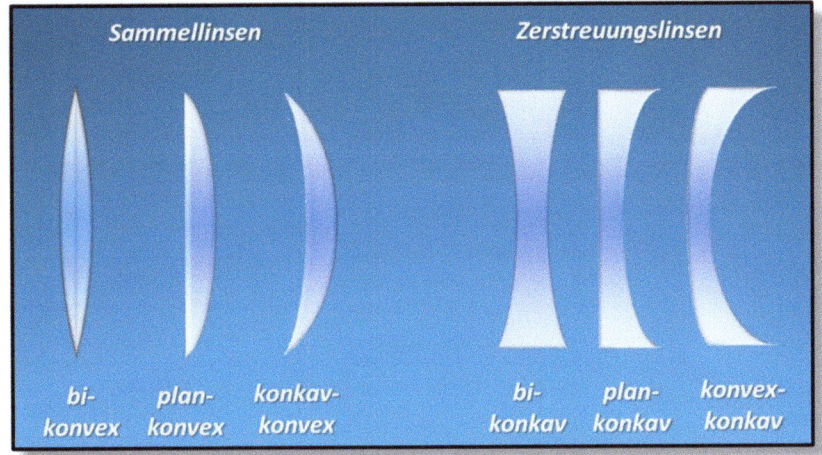

Das Auge

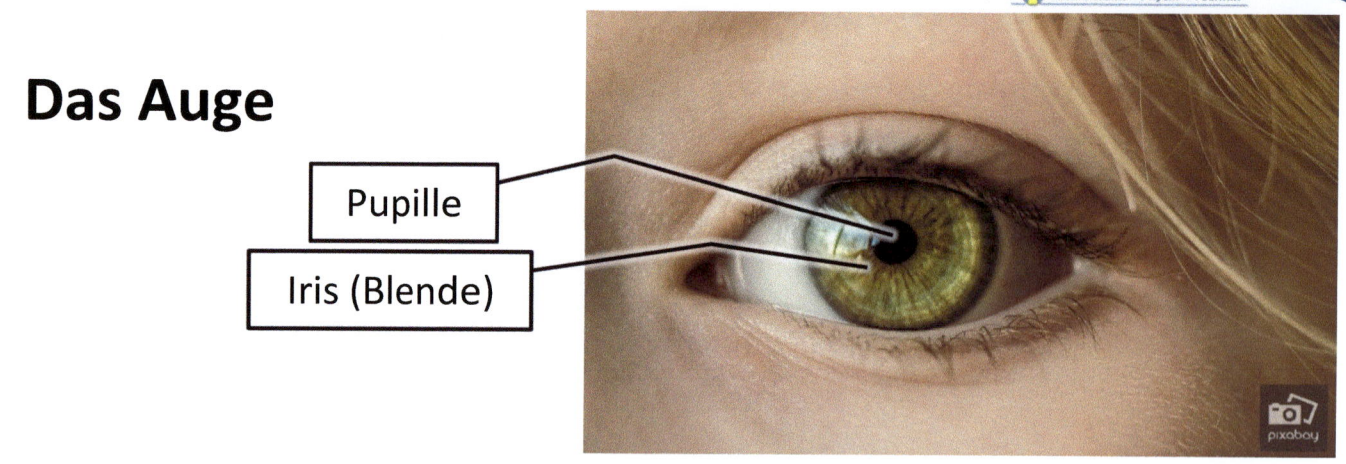

Pupille
Iris (Blende)
pixabay

Lichtstrahlen fallen durch die Hornhaut, die Pupille, die Linse und den Glaskörper auf die Netzhaut.

Aufbau des menschlichen Auges (Linsenauge):

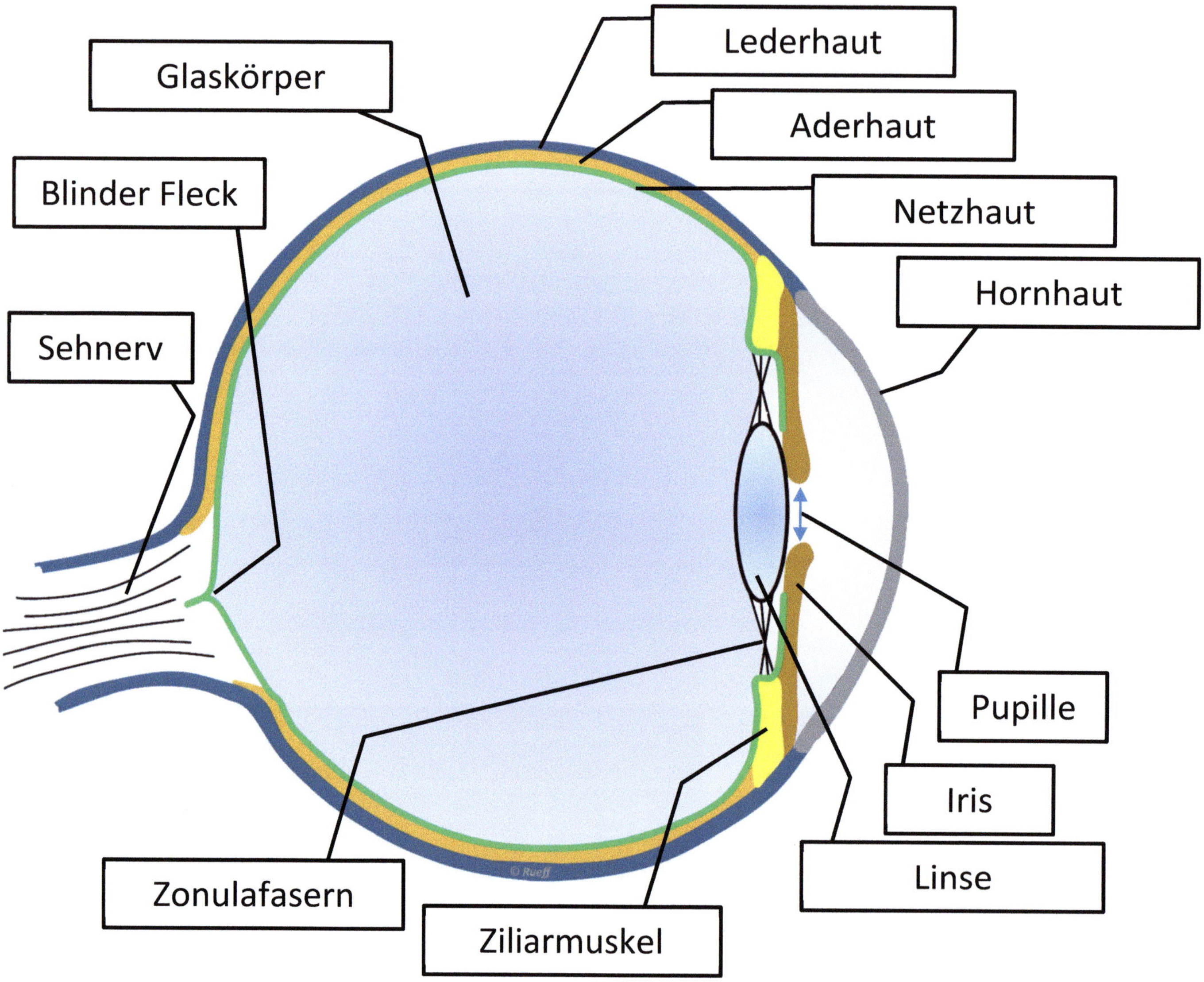

Lederhaut
Glaskörper
Aderhaut
Blinder Fleck
Netzhaut
Hornhaut
Sehnerv
Pupille
Iris
Linse
Zonulafasern
Ziliarmuskel
© Rueff

Das Mikroskop

Optische Geräte bestehen aus mehreren Linsen. Der einfachste Aufbau eines Mikroskops besteht aus zwei Sammellinsen.

1. Okularlinse
2. Objektivlinse

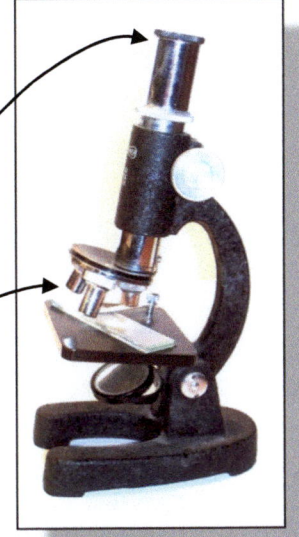

Funktionsweise:

Das Objektiv erzeugt ein reelles, vergrößertes Zwischenbild des Gegenstands. Dieses wird mit der Okularlinse als virtuelles Bild mit dem Auge beobachtet.

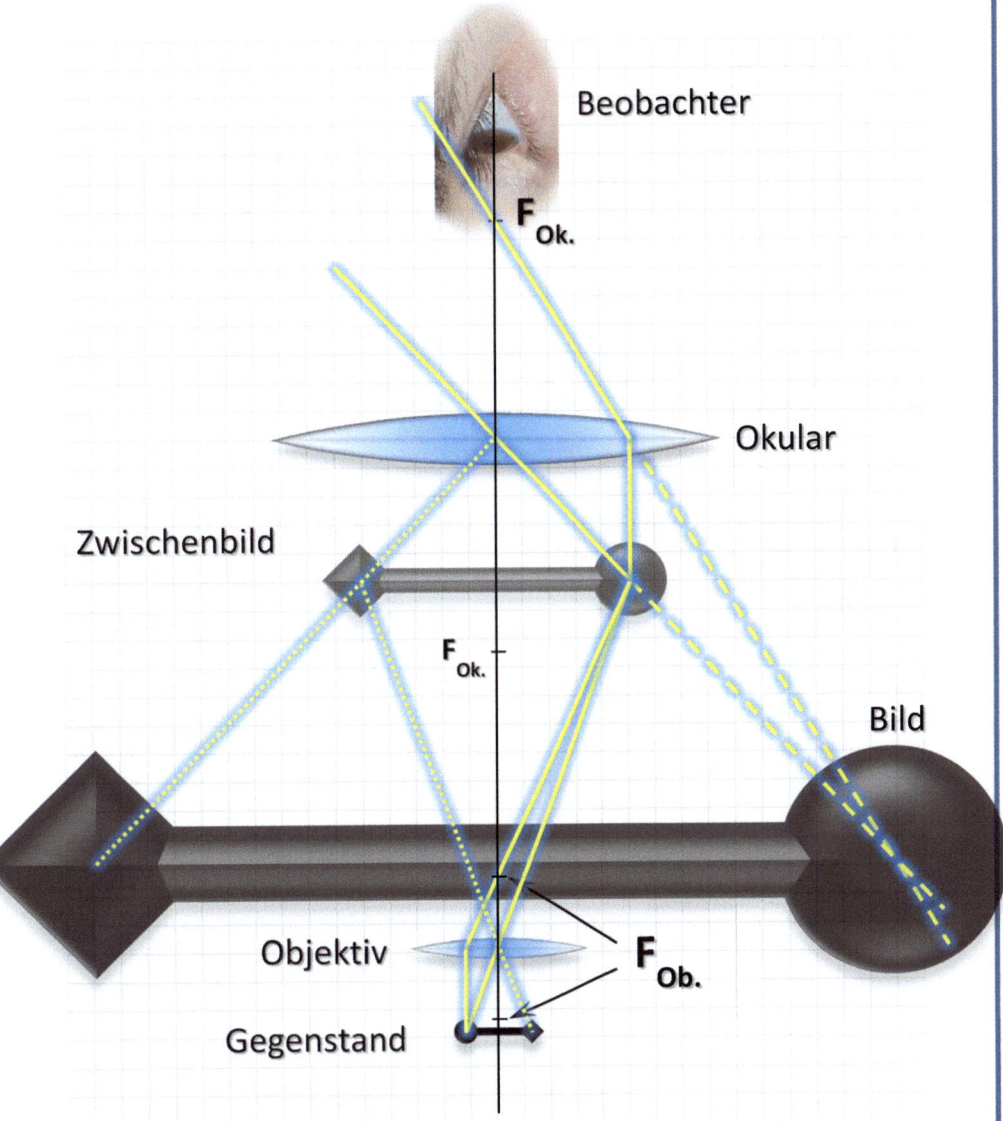

Das Fernrohr (1) [Kepler]

Das Fernrohr besteht ebenfalls aus
mindestens zwei Linsen:

Objektiv und Okular

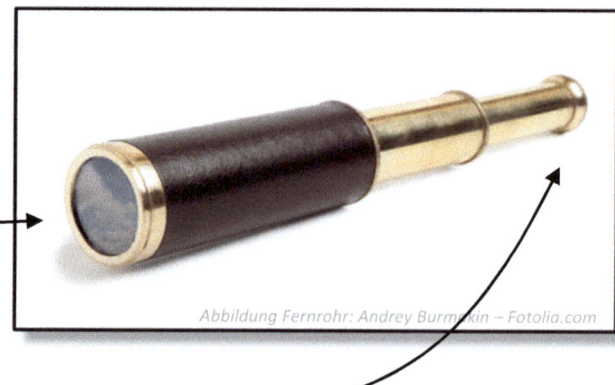

Abbildung Fernrohr: Andrey Burmakin – Fotolia.com

Aufbau des Fernrohrs: (Keplersches / Astronomisches Fernrohr)

Die Okularlinse und die Objektivlinse sind so angeordnet, dass die
beiden Brennpunkte an der gleichen Position liegen.

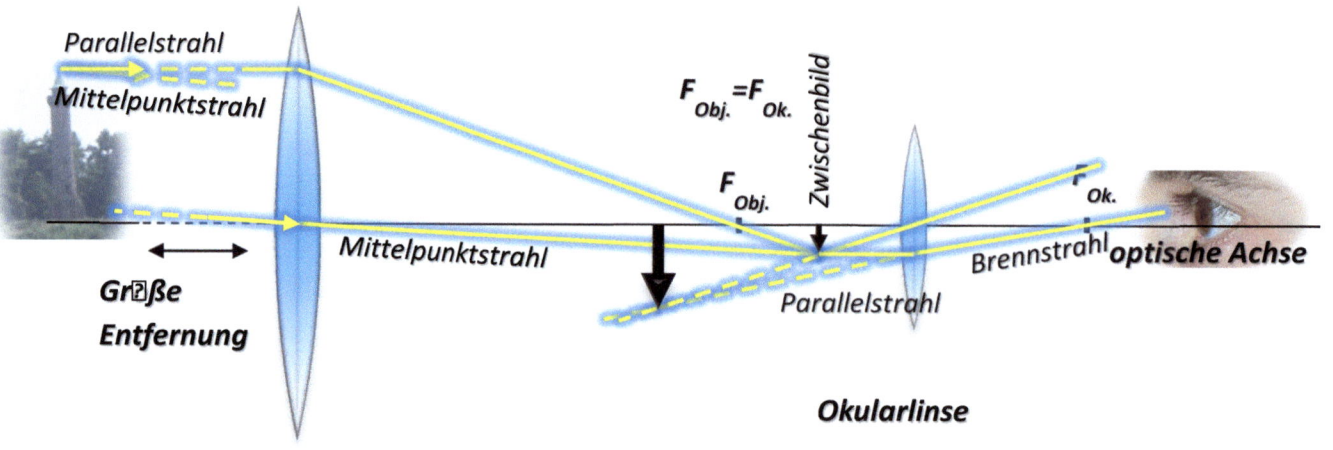

Die Objektivlinse liefert ein reelles, umgekehrtes und verkleinertes
Zwischenbild kurz nach dem gemeinsamen Brennpunkt, also knapp
innerhalb der Brennweite der Okularlinse. Durch die Okularlinse lässt
sich das Zwischenbild direkt mit dem Auge betrachten.

Dieses Fernrohr liefert ein umgekehrtes Bild des Gegenstands. Durch
eine weitere Linse lässt sich das Bild aber wieder umkehren und wir
können ein aufrechtes Bild sehen (terrestrisches Fernrohr).

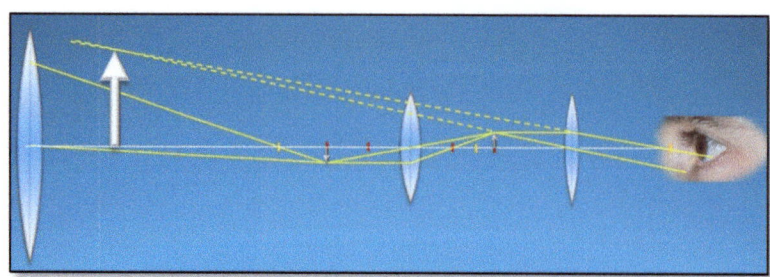

Das Fernrohr (2) [Galilei]

Das Galilei-Fernrohr besteht ebenfalls
aus zwei Linsen:

Objektiv und Okular

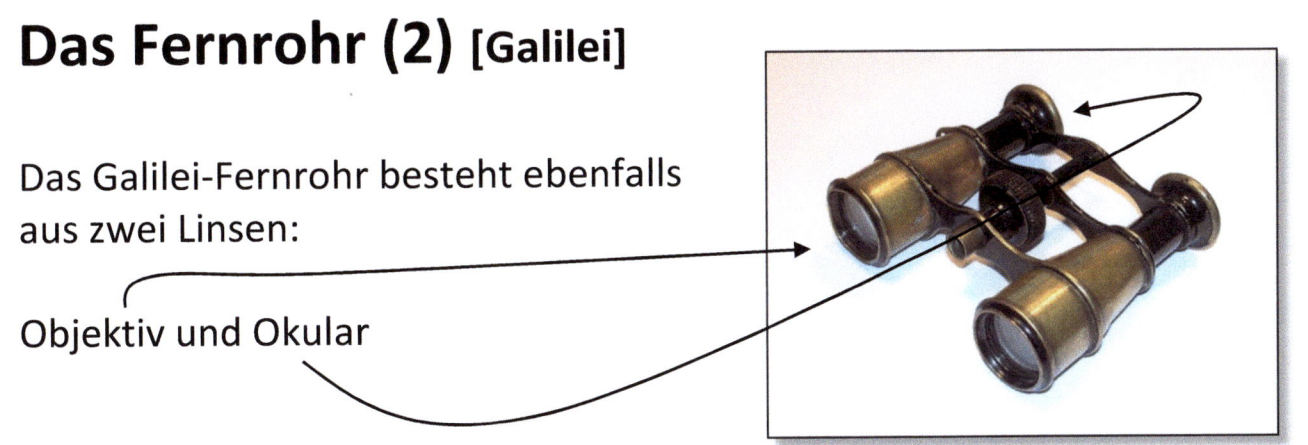

Aufbau des Fernrohrs:

Als Okularlinse wird hier eine **Zerstreuungslinse** verwendet. Die
Okularlinse und die Objektivlinse sind so angeordnet, dass die beiden
Brennpunkte (reeller und virtueller) an der gleichen Position liegen.

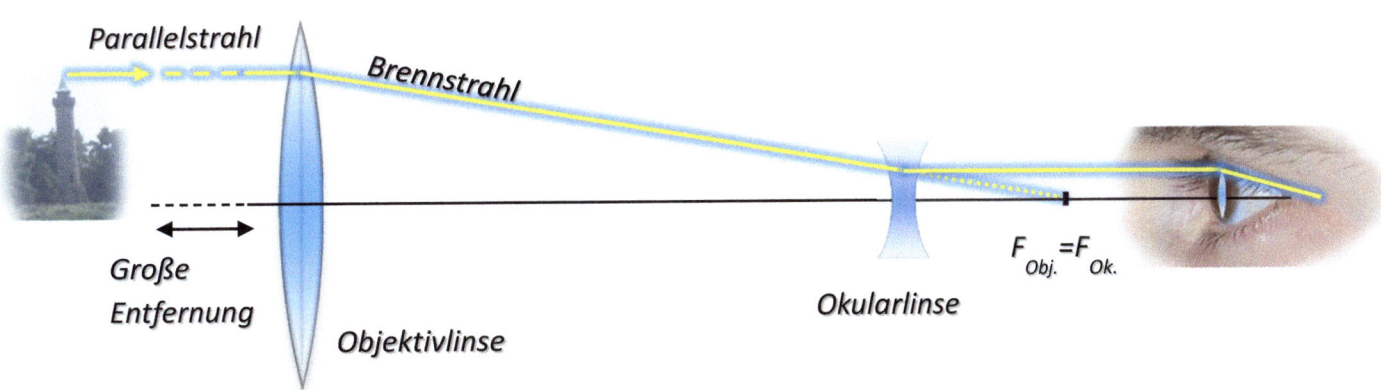

Parallelstrahl

Brennstrahl

*Große
Entfernung*

Objektivlinse

Okularlinse

$F_{Obj.} = F_{Ok.}$

Bevor das Bild der Objektivlinse entsteht, wird das Licht an der
Zerstreuungslinse (Okular) wieder durch einen parallelen Verlauf zur
optischen Achse direkt ins Auge gelenkt. Die Sammellinse im Auge des
Betrachters erzeugt nun ein vergrößertes Abbild auf der Netzhaut.

Farben

Wir untersuchen jetzt die Brechung von Licht noch etwas genauer. Bei den bisherigen Versuchen wurde meist farbiges Licht einer Laserdiode verwendet (rot).

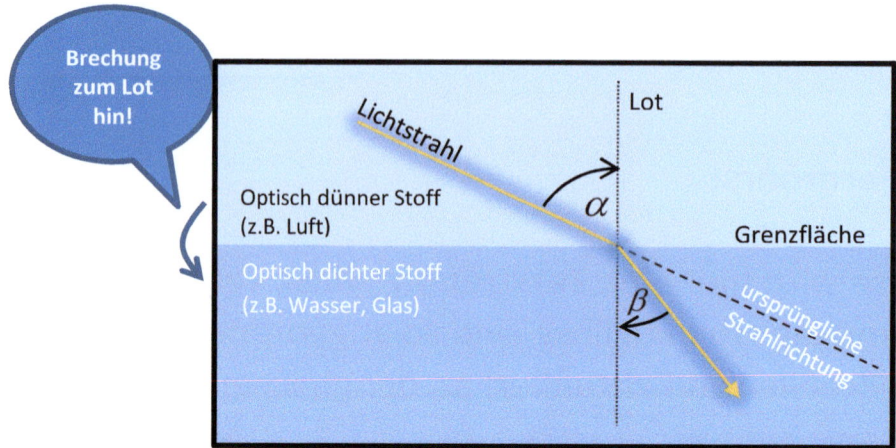

Wir verwenden jetzt **weißes Licht** und schicken das Licht durch ein Dreiecksprisma. Der weiße Lichtstrahl ist nach dem Durchgang durch das Prisma in viele Farben aufgespalten. Es handelt sich hierbei um ein **Farbspektrum** mit allen Farben die es gibt.

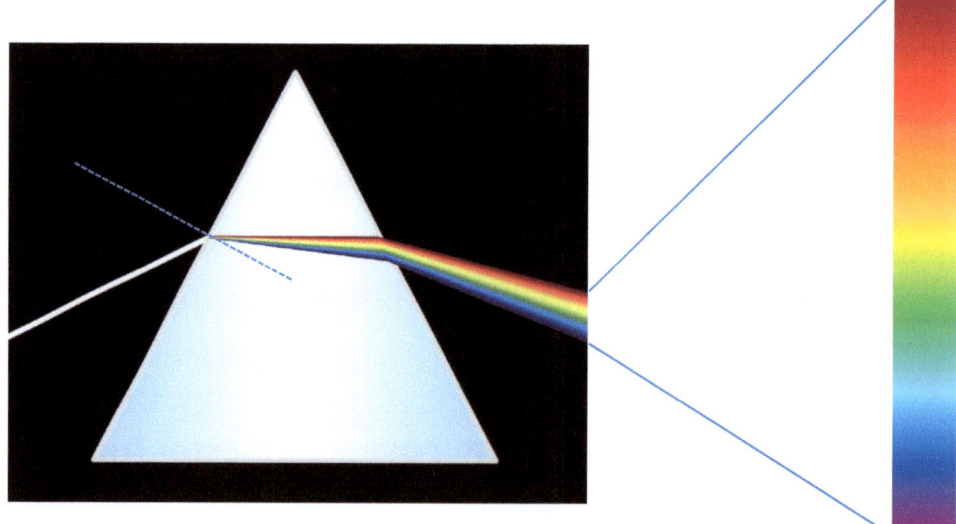

Wir schließen daraus: Weißes Licht ist zusammengesetzt aus allen Farben die wir kennen. Die Aufspaltung kommt dadurch zustande, dass die Farben unterschiedlich stark gebrochen werden. Die Brechung für die rote Farbe ist geringer als für die anderen Farben. Violett wird am stärksten gebrochen.

Notizen

Weitere Skripte:

www.mathe-physik-technik.de

A. Rueff
Astronomie
Skript zur Unterrichtseinheit
(Technik)

BoD

A. Rueff
Digitaltechnik
Skript zur Unterrichtseinheit
(Technik)

BoD

A. Rueff
Technisches Zeichnen
Skript zur Unterrichtseinheit
(Technik)

BoD

A. Rueff
Technische Industrialisierung
Skript zur Unterrichtseinheit
(Technik)

BoD

A. Rueff
Mathematik
Grundlagen für die Mittelstufe
(Sekundarstufe 1)
3. Auflage

BoD

A. Rueff
Kernenergie
Skript zur Unterrichtseinheit
(Technik, Physik)

BoD

A. Rueff
Luftfahrt
Skript zur Unterrichtseinheit
(Technik)

BoD

A. Rueff
Nanotechnologie
Skript zur Unterrichtseinheit
(Technik)

BoD

A. Rueff
Analytische Geometrie
Skript zur Unterrichtseinheit
(Mathematik Sekundarstufe 2)

BoD